RAPPORT

SUR

LES TRAVAUX

DE LA

SOCIÉTÉ IMPÉRIALE D'ÉCONOMIE RURALE

DE MOSCOU,

pendant les années 1838 et 1839.

RAPPORT

SUR LES TRAVAUX

DE LA

SOCIÉTÉ IMPÉRIALE D'ÉCONOMIE RURALE

DE MOSCOU.

RAPPORT

SUR

LES TRAVAUX

DE LA

SOCIÉTÉ IMPÉRIALE D'ÉCONOMIE RURALE

DE MOSCOU,

pendant les années 1838 et 1839.

MOSCOU,
DE L'IMPRIMERIE D'AUGUSTE SEMEN,
IMPRIMEUR DE L'ACADÉMIE IMPÉRIALE MÉDICO-CHIRURGICALE.
1840

ПЕЧАТАТЬ ПОЗВОЛЯЕТСЯ

съ тѣмъ, чтобы по отпечатаніи представлено было въ Ценсурный Комитетъ узаконенное число экземпляровъ. Москва, Сенября 30 дня 1840 года.

Ценсоръ В. Флеровъ.

INTRODUCTION.

Les deux dernières séances annuelles de la Société Impériale d'Économie rurale de Moscou ont eu lieu, la première; le $\frac{18}{30}$ janvier 1839, sous la présidence de Son Excellence, le Général en chef d'infanterie et Vice-Président de la Société, Mr. le Comte P. A. Tolstoï; et la seconde — le $\frac{1}{13}$ avril 1840, sous la présidence de Son Excellence, le Général en chef de cavalerie, Gouverneur-Général-Militaire de Moscou et Président de la Société, le Prince D. V. Golitzine, et en présence du second

Vice-Président, Son Excellence Mr. le Conseiller Privé Actuel, Prince S. I. Gagarine. Plusieurs Membres honoraires et ordinaires de la Société ont assisté à ces deux assemblées.

Chacune d'elles a été ouverte par la lecture d'un rapport sur les travaux de la Société; en voici l'extrait.

RAPPORT

SUR LES TRAVAUX

DE LA

SOCIÉTÉ IMPÉRIALE D'ÉCONOMIE RURALE

de Moscou.

ÉCOLE D'AGRICULTURE ET FERME-MODÈLE.

La lecture du rapport présenté dans la séance annuelle du 24 mars 1838, a pu faire juger du zèle que la Société a déployé pour l'organisation nouvelle de l'Ecole d'Agriculture et pour la construc tion de la Ferme-modèle. Grâce aux secours accordés par la munificence de notre Auguste Souverain, ces deux grands établissemens reposent aujourd'hui sur des bases plus vastes et plus solides. (*) On y a introduit un mode d'enseignement plus complet, plus méthodique; et pour que la théorie et la pratique marchassent simultanément et de concert, la Ferme-modèle est devenue une succursale de l'École d'Agriculture. Le chef de la IV-ème section de la Société, Mr. le Général N. N. Mouravief (*), auquel l'École est redevable de sa première organisation, laquelle date de seize ans, a été nommé Curateur de ces deux établissemens. Une expérience de deux ans a déjà montré les heureux résultats de cette nouvelle disposition.

Onze maîtres se trouvent maintenant attachés à l'École; ils sont chargés d'enseigner : 1°) la Religion; 2°) la langue russe ; 3°) les Mathématiques, les élémens de la Mécanique et la Physique ; 4°) l'Économie rurale dans ses diverses parties et la Phytologie ; 5°) l'élève des bestiaux et la description des maladies auxquelles le bétail est sujet, avec l'indication du traitement à suivre et des mesures à prendre en pareils cas ; 6°) la tenue des livres de comp-

---

(*) L'École se trouve à Moscou même, et la ferme, dans les environs de cette ville, à une demi-lieue de distance de la barrière.

(*) La Société déplore sa perte récente.

tabilité, 7°) l'Arpentage, 8°) l'Architecture, 9°) le Dessin, 10°) la Géographie de la Russie, 11°) la Calligraphie et 12) le Chant d'église.

Le cours d'études à l'Ecole est de 4 ans. Pendant l'hiver les élèves s'occupent exclusivement de la théorie; ils passent l'été à la Ferme-modèle, où ils se livrent à des travaux agricoles, sous l'inspection du Directeur de cet établissement. En 1838 il y avait 135 élèves, dont 35 avaient achevé leur cours d'études; en 1839 l'Ecole comptait 123 élèves ; et sur ce nombre, 28, après avoir également terminé leur cours, sont allés, ainsi que ceux de l'année 1838, répandre dans les divers gouvernemens de la Russie les connaissances qu'ils ont acquises.

Une bibliothèque a été fondée; on a ouvert des cabinets de Physique, de Minéralogie, de Mathématiques, d'Agronomie et d'Architecture; celui de Minéralogie a été enrichi, en 1839, d'une belle collection de minéraux, donnée par son Excellence Mr. le Comte Stroganoff, Curateur de l'Université de Moscou.

La Ferme-école de la Société est en même temps une ferme-modèle, dont le but est de favoriser le développement de l'agriculture en Russie. Conformément à cette double direction on s'est occupé, pendant ces deux dernières années, à établir dans ses champs divers modes d'assolement: les uns, plus en harmonie avec les localités, sur un plus grand espace ; les autres, pour des essais comparatifs, sur une échelle plus restreinte. La ferme contient 252 déciatines ($274\frac{3}{4}$ hectares) de terre. Vingt déciatines ($21\frac{2}{3}$ hectares) sont occupées par le jardin et le potager: les plantations et les semailles y ont lieu depuis l'année 1839. Le total des terres arables est de 124 déciatines (133 hectares). Le reste, à l'exception de l'espace occupé par les bâtimens, est destiné, suivant les localités, aux prairies naturelles et à des plantations forestières. L'année dernière on a fait l'achat d'un nombre considérable de vaches de Kholmogory (gouvernement d'Arkhangel); les vaches dites de Kholmogory sont de la plus belle race bovine connue en Russie; elle provient d'une race hollandaise, qui, sous le règne de Pierre le Grand, a été introduite, puis propagée dans ce district.

ÉTABLISSEMENT DE MACHINES ET INSTRUMENS ARATOIRES.

L'établissement des frères Butenop, mécaniciens-machinistes de la Société, peut, jusqu'à un certain point, prouver combien les propriétaires russes cherchent à améliorer l'agriculture au moyen des instrumens aratoires perfectionnés. Cet établissement suffit à peine aux demandes des propriétaires. Dans le cours des deux dernières années, on a vendu à Moscou et expédié dans les divers gouvernemens de la Russie 295 machines à battre le blé, 884 machines à vanner, 50 pour préparer le lin, 144 hache-paille, 63 rapes à betteraves et à pommes de terre, 371 charrues perfectionnées, 140 extirpateurs, herses perfectionnées, coupe-taupinières et rouleaux, 104 houes à cheval, 42 moulins à huile. Le total des objets vendus se monte à la somme de 388,545 roubles ass. (plus de 410,000 francs). Deux cents ouvriers travaillent dans cet établissement, et il s'y trouve des élèves de différens gouvernemens de Russie. Le nombre des machines, sorties des dépôts que les frères Butenop ont établis à Kieff et à Kharkoff, est de 537. L'abondance des récoltes en froment et autres céréales dans les gouvernemens méridionaux et le manque de bras pour battre le blé expliquent ces fortes commandes, principalement celles des machines propres à battre le blé et à le vanner.

La fabrique de machines et instrumens aratoires de Mr. de Bibikoff, habitant du gouvernement de Riasan, et Membre de la Société, continue ses travaux sous la direction du propriétaire même. On y fait des machines à battre le blé à l'instar de celles de l'Ecosse, des machines à vanner, des hache-paille, des râpes à betteraves et à pommes de terre, des machines à nettoyer le froment, des laminoirs pour écraser l'avoine, des semoirs à main, différentes charrues, des extirpateurs etc.

Outre ces établissemens, il y en a d'autres dans divers gouvernemens, qui appartiennent à des propriétaires, Membres de la Société.

DÉPOT DE SEMENCES.

Le dépôt de semences, établi à Moscou, obtient de plus en plus la confiance de MM. les propriétaires, et agrandit chaque jour la sphère de son activité. En 1838 on y a vendu pour 22,000 roubles de semences, et en 1839 pour 35,186 roubles ass. Cette vente consistait principalement en graines de betteraves (pour 16,000 r.) et en graines de plantes fourragères : trèfle, vesce, luzerne, esparcette etc. (pour 6000 r.). Ce débit prouve le développement progressif de l'industrie sucrière et la propagation des prairies artificielles en Russie.

Mr. Holst, commissionnaire du dépôt, a fait, en 1838, un voyage en Hollande et en Allemagne, dans le but d'entrer dans des rapports plus intimes avec les propriétaires et les greneticrs de ces pays. Il a reçu partout l'accueil le plus cordial, et partout on lui a témoigné les dispositions les plus favorables pour entrer en relation avec notre Société. Le mécanicien de la cour de sa Majesté le Roi de Prusse, Mr. Amuel, a envoyé à la Société, par l'entremise de Mr. Holst, plusieurs modèles d'instrumens aratoires, et Mr. Metzger, Inspecteur des jardins à Heidelberg, une collection de toutes plantes céréales connues, en nature, et accompagnées d'un écrit qu'il a publié sur ce sujet.

Un autre dépôt de semences a été établi, en 1838, à Riga; il est confié à Mr. Frey, négociant de cette ville, nommé commissionnaire de la Société. Il est probable qu'avec le temps l'utilité des établissemens de ce genre sera appréciée dans les autres villes de la Russie.

CULTURE DE LA SOIE.

Les deux dernières années ont prouvé tout le succès que peuvent obtenir à Moscou la culture des vers à soie et la plantation des mûriers.

La pépinière de Mr. Judizki, attaché au service de la Société, contient 600 buissons et 5000 jeunes plantes de semis. En 1838 il a fait éclore 2708 vers à soie, qui lui ont donné $1\frac{1}{2}$ kilogramme de fort beaux cocons blancs; en 1839—7500 vers à soie, qui ont fourni des cocons d'une blancheur remarquable, et les filles de Mr. Judizki en ont filé $\frac{3}{4}$ de kilogramme d'une soie dont on ne saurait trop admirer la beauté. Au printemps de l'année 1840 Mr. Judizki a fait un voyage à Pétersbourg, et il a eu l'honneur de présenter un demi kilogramme de cette soie à Sa Majesté l'Impératrice. Sa Majesté en a témoigné sa satisfaction à la fille ainée de Mr. Judizki par un cadeau de belles boucles d'oreilles en diamant, et a donné ordre d'assigner à Mr. Judizki lui-même un terrain de deux déciatines ($2\frac{1}{6}$ hectares) en viager, tout près de Moscou, dans la terre impériale de Stoudenetz, pour qu'il pût y planter des mûriers.

Messieurs les Membres: A. F. Rébroff, au Caucase, et J. K. Schönian, de Saratoff, ont envoyé à la Société, pendant les deux dernières années, plus de 2000 plants de mûriers, et Mr. Schönian nous envoie annuellement 1000 jeunes mûriers, qui sont plantés dans les divers jardins de Moscou et dans ses environs. L'année dernière on a planté un nombre considérable de ces mûriers dans le jardin de l'Ecole d'agriculture, afin d'enseigner aux élèves la culture des vers à soie, et de propager ainsi cette industrie, particulièrement dans nos gouvernemens méridionaux.

Le Secrétaire Perpétuel de la Société, Mr. Massloff, lui a soumis ses idées sur la manière de multiplier à Moscou les plantations de mûriers et la culture des vers à soie. Suivant lui, il y aurait à espérer un grand succès, si tous les Membres de la Société qui possèdent des jardins dans cette capitale, voulaient y faire planter des mûriers, et si, en outre, on formait un Comité particulier pour veiller à l'exécution de ce projet et à la plantation de mûriers dans les jardins publics, ainsi que sur les boulevards. Cet avis a été unanimement adopté dans une des séances de la Société, et un Comité, composé de trois Membres, a été nommé à cet effet. Les succès obtenus par Mr. Judizki prouvent incontestablement que l'éducation des vers à soie peut avoir lieu à Moscou, et à plus forte raison dans les gouvernemens méridionaux de la Russie, pourvu que l'on s'efforce de développer cette belle industrie avec tout le zèle qu'elle exige, et que l'on ne se laisse point décourager par le prix modique auquel ce produit se vend encore dans nos contrées. Il faut excepter, à cet égard, la soie de Mr. Rébroff (dans le territoire du Caucase), qui peutêtre comparée à la meilleure soie de France et d'Italie

ÉCOLE POUR L'ÉDUCATION DES ABEILLES.

Parmi les établissemens qui prospèrent et qui s'agrandissent sous la protection de la Société, il faut compter l'Ecole pour l'éducation des abeilles, fondée dans le gouvernement de Tchernigoff par Mr. Prokopowitch.

Le vénérable fondateur a célébré, le 1-er novembre de l'année 1838, le dixième anniversaire de cet utile établissement, qui a déjà reçu 227 élèves. Cent cinquante-quatre de ces élèves répandent maintenant, dans les divers gouvernemens de la Russie, les connaissances théoriques et pratiques qu'ils ont acquises dans cette Ecole.

Mr. Prokopowitch a long-temps étudié les habitudes des abeilles, et ses connaissances le placent au-dessus de tous ceux qui s'occupent de cette industrie en Russie. Son Ecole est entourée d'un grand nombre de ruches, et c'est lui-même qui se charge de l'instruction de ses élèves. Les propriétaires qui ont pris à leur service des jeunes gens sortis de cette école, ont toujours été parfaitement satisfaits de la méthode qu'ils doivent à leur maître.

SUCRE DE BETTERAVES.

Grâce à la sollicitude éclairée de notre Société, un autre genre d'industrie d'une importance majeure — la fabrication du sucre de betteraves, a fait de bien rapides progrès. Plus de 50 établissemens nouveaux se sont élevés dans le courant des deux dernières années. La conviction de l'utilité de cette industrie est tellement reconnue, que l'on trouve des fabriques de sucre indigène dans les gouvernemens de Kalouga, de Toula, de Riasan, d'Orel, de Koursk, de Tchernigoff, de Kieff, de Kharkoff et de Voronège ; et le Secrétaire Perpétuel de la Société les a visitées l'année 1838. Il n'y a aucun doute que ces fabriques ne finissent par se propager aussi dans le gouvernement de Poltava et dans toute la petite Russie, dont le sol est si riche en terreau

Quand notre Société, en 1825, commença à s'occuper de cette branche d'industrie, il n'existait encore en Russie que deux fabriques de sucre de betteraves : celle de Mr. Maltzoff et celle de Mr. Gérard. En 1838 on comptait déjà 100 fabriques de ce genre; et maintenant, au sçu du Comité (*), il en existe 158. La quantité de sucre fabriquée en Russie peut être évaluée à 180,000 pouds (2,953,842 kilogrammes) sans que l'importation du sucre colonial ait diminué ; au contraire, pendant les 4 dernières années, elle s'est élevée de 1,074,482 pouds jusqu'à 1,555,353 pouds. Ce qui prouve que la consommation du sucre augmente d'année en année.

PRÉPARATION DU LIN, FABRICATION ET BLANCHISSAGE DES TOILES DANS L'ÉTABLISSEMENT DE M. KARNOVITCH.

En 1837 Mr. Karnovitch a établi dans ses terres du gouvernement de Iaroslavl une école pratique pour la préparation du lin et de ses produits d'après la méthode de Flandre. Cet établissement continue ses utiles travaux sous

(*) Le Comité des fabricans de sucre fut organisé par la Société en 1834.

la surveillance de Mr. Van Steinkeste. Il s'y trouve plusieurs écoliers et écolières, venus des différens gouvernemens de la Russie. En 1838, deux étangs avec quatre digues et des conduits d'eau ont été creusés pour le rouissage du lin, et il a été construit une blanchisserie sur une grande échelle, afin que tous les propriétaires et les paysans du voisinage, qui s'occupent principalement de la fabrication des toiles, pussent y envoyer leurs produits pour être blanchis à la manière de Flandre, sous la surveillance de Mr. Hartmann, blanchisseur, que Son Excellence Mr. le Ministre des Finances a fait venir de Bielefeld aux frais du gouvernement. En 1838 on n'eut le temps de blanchir que 8000 archines (5680 mètres) de toile, qui, ayant été envoyées à Pétersbourg, méritèrent les éloges les plus flatteurs, et furent vendus sur le champ. Le propriétaire a eu la satisfaction de recevoir plusieurs commandes des marchands de cette capitale. En 1839, il a fait parvenir à la Société une pièce de fort belle toile, faite à la manière de Flandre, et deux pièces de toile, tissues par des paysans, mais blanchies à sa blanchisserie. Ces deux pièces prouvent évidemment qu'il ne nous manque que la connaissance de la dernière préparation, pour que notre toile soit tout-à-fait semblable à celle de Hollande.

Sur la demande de Mr. Karnovitch, Son Excellence Mr. le Ministre des Finances a donné ordre de faire venir de Hollande, aux frais du gouvernement, un ouvrier spécial pour la dernière préparation de la toile, tant de celle qui est fabriquée chez les propriétaires, que de celle qui est tissue par les paysans mêmes et envoyée à la blanchisserie dont nous venons de parler.

DE LA TOURBE ET DU CHARBON DE TERRE.

Ces objets sont très importans pour la Russie, dont les anciennes forêts sont détruites dans plusieurs contrées. Le combustible est de la plus grande importance pour Moscou, où le bois de chauffage devient plus cher d'année en année, à cause des distances, de plus en plus grandes, d'où il faut l'amener.

Quelques propriétaires ruraux et fabricans, dont les établissemens travaillent au moyen du feu, ont déjà commencé à remplacer le bois par la tourbe, mais l'usage en est encore assez insignifiant, quoique plusieurs gouvernemens, y compris celui de Moscou, contiennent dans leurs marais de fortes couches de ce combustible. La Société, désireuse de coopérer, pour sa part, à l'emploi plus considérable de la tourbe et du charbon de terre dans les localités où il s'en trouverait, a fait imprimer dans son journal quelques articles sur ce sujet, et a donné lieu à de nouvelles recherches de charbon de terre. Ce dernier combustible avait été trouvé dans plusieurs endroits de la Russie, il y a déjà 15 ans; mais il avait été abandonné.

CHAUMIÈRES ET MAISONS EN PIERRE D'APRÈS LE SYSTÈME DE CONSTRUCTION DE M. GÉRARD.

Un des vénérables Membres de notre Société, feu Mr. de Gérard, a rendu aux cultivateurs un service immense, qui lui donne des droits incontestables à la reconnaissance publique. Nous voulons parler du mode nouveau qu'il a introduit dans la construction des chaumières et des maisons. Mr. de Gérard a proposé de remplacer les bâtisses de bois par celles en briques d'après une méthode particulière (*).

(*) Chaque mur est double, c'est à dire composé de deux murs. Les briques sont superposées dans leur longueur, non dans leur largeur, pour former deux murs parallèles, laissant entre eux un espace vide d'environ 6 pouces de France, ce qui donne à l'ensemble une épaisseur de 13 à 16 pouces. Le vide est rempli de

Plusieurs Membres de notre Société et un assez grand nombre de propriétaires ont déjà remplacé, dans leurs terres, les chaumières en bois par des maisons en briques. Si ce système de construction, qui présente tant d'avantages, est une fois bien apprécié, il se propagera bientôt, sans aucun doute, dans tous les gouvernemens de la Russie.

PEAUX DE MOUTONS TANNÉES.

En 1836 la Société a porté son attention sur la manière de préparer les peaux de moutons pour les pelisses que portent nos paysans en hiver. Elle s'est efforcée de faire sentir les défauts de l'ancienne méthode, si vicieuse dans

---

quelque substance peu conductrice de la chaleur, telles que la cendre, le charbon, la mousse, les chenevottes, les scories des forges etc. Les deux murs parallèles sont unis l'un à l'autre par des crampons en fil d'archal, dont le diamètre est de ⅓ de pouce. Ces crampons sont de 5 pouces plus longs que la largeur de l'intervalle vide; si la largeur de celui-ci est de 3 pouces et demi, la largeur des crampons doit être de huit pouces et demi. La jonction avec des crampons commence à la première rangée de briques déposées sur le fondement et doit être répetée de huit rangs en huit rangs; la distance horizontale entre les crampons est à peu près d'un mètre. Il faut aussi exactement joindre, avec des crampons, les deux murs à chaque angle.

ses résultats, puisque les peaux de moutons employées pour les pelisses des paysans, se détérioraient fort vite à l'humidité.

Grâce au zèle de la Société et aux prix qu'elle a décernés, le tannage des peaux de moutons pour pelisses commence à remplacer la mégie.

TRAVAUX DES MEMBRES DE LA SOCIÉTÉ DANS LES DIVERSES PARTIES DE L'AGRICULTURE.

Mr. le Professeur Pavloff (*), auteur de plusieurs écrits sur l'agriculture, a établi, en 1838, une école d'économie rurale à Moscou et publié un journal sous le titre de «*L'Agriculteur russe.*»

MM. J. Réchetnikoff, du gouvernement de Moscou, et A. Koreneff, du gouvernement de Tver, ont proposé, au commencement du printemps, de recevoir dans leurs terres des élèves auxquels ils enseigneraient les divers assolemens,

(*) Nous avons eu le malheur de perdre ce vénérable Membre. M. G. Pavloff, Professeur d'agriculture à l'Université de Moscou, Conseiller d'Etat et Chevalier, est mort d'un coup d'apoplexie le $\frac{9}{21}$ avril 1840.

la culture des herbes fourragères, la manière de récolter le seigle à la sappe au lieu de le moissonner à la faucille, celle d'extraire et de préparer la tourbe pour le chauffage, la construction des bâtisses en terre battue, la construction de divers toits incombustibles et autres objets d'économie rurale.

Mr. le Général de Sabloukoff, Membre de la Société Economique de St. Pétersbourg et de celle de Moscou, nous a fait parvenir des modèles de différentes machines et d'instrumens aratoires. Les plus remarquables sont: le modèle d'une charrue-cultivateur à trois coutres, très bonne pour l'extirpation des herbes parasites et pour le binage; celui d'une machine à battre le blé et celui d'une machine à bras, également pour battre le blé, deux ventilateurs et une presse pour le linge, cette dernière de l'invention de Mr. Sabloukoff.

Mr. Makhoff, propriétaire dans le gouvernement de Kalouga, a fait parvenir à la Société des modèles de son invention. Le plus remarquable est celui d'une machine à battre le blé, qui peut servir aussi de machine à vanner et de moulin à vent à une roue; cette machine est mise en mouvement par des ailes horizontales, qui, placées au dessus de l'attelage, remplacent la force des chevaux lorsqu'il fait du vent; mais lorsque l'air est calme, la machine est mue par quatre chevaux ou bœufs. Dans le courant des deux dernières années, Mr. Makhoff a beaucoup contribué à la propagation en Russie des machines à battre le blé à l'instar de celles de l'Ecosse; en y remplaçant le fer par le bois, il les a rendues, en cas de détérioration, très faciles à réparer par un menuisier quelconque.

Mr. Zatzepine, propriétaire dans le gouvernement de Saratoff, a envoyé à la Société le modèle d'un semoir de son invention. Ce modèle a donné aux mécaniciens de la Société l'idée de construire une charrue-semoir.

Mr. Dorogoff, propriétaire dans le gouvernement de Kasan, a inventé une machine à battre le blé, qui peut être très aisément transportée d'un endroit à un autre; les mécaniciens Boutenop y ont fait un attelage, et cette machine est maintenant fort recherchée dans les petites exploitations agricoles. L'année passée on en a vendu 74 à Moscou.

Mr. Jodéiko, ci-devant Directeur de la Ferme-modèle, a présenté à la Société une petite charrue, qu'il a fait construire à l'instar de celle de Small et qui peut fonctionner avec un seul cheval. Elle a été essayée à la ferme de la Société et s'est distinguée par la légèreté de la marche et l'efficacité du travail.

D'après les comptes rendus de MM. Bounine et Pavloff, propriétaires dans le gouvernement de Tamboff, la culture du colza et de la garance y fait beaucoup de progrès. La dernière est surtout recherchée par les fabricans d'indiennes. D'après les renseignemens que la Société a reçus de plusieurs propriétaires des différens gouvernemens de la Russie, il résulte que l'introduction des cultures alternes et des instrumens perfectionnés prennent beaucoup d'extension dans plusieurs exploitations rurales.

Les faulx de Mr. Anossoff, forgées à la fabrique de Zlatooùst-Artinsk, dans le gouvernement d'Orenbourg, ont été vendues, pendant les deux dernières années, avec beaucoup de succès à Moscou. Et comme ces faulx ne le cèdent en rien à celles de Styrie, elles sont de plus en plus recherchées. Mr. Anossoff a envoyé à l'exposition de St. Pétersbourg, en 1839, des faulx, des haches et d'autres instrumens employés dans les exploitations rurales, fabriqués non seulement en acier ordinaire, mais encore en acier de Damas, et qui ont mérité les éloges les plus flatteurs.

La Société s'empresse d'exprimer sa juste gratitude à Mr. le Colonel d'Egerstrom, propriétaire dans le gouvernement de Tver, qui lui a présenté, l'année dernière, des modèles de chaussures, de chapeaux, de brides, de harnais, de plusieurs tissus, en paille, en joncs et en roseaux, s'offrant d'enseigner lui-même aux paysans cet art à la fois si simple et si utile. Les forêts diminuent sensiblement en Russie ; le mode de chaussure, introduit par Mr. d'Egerstrom, contribuera à la conservation des forêts de tilleuls, dont l'écorce sert encore à nos paysans pour tresser leur chaussure.

RAPPORT

DE LA

SOCIÉTÉ CENTRALE

POUR

LA PROPAGATION DES MÉRINOS,

ÉTABLIE A MOSCOU.

1838—1839.

L'élève des brebis à laine fine se propage de plus en plus en Russie; la quantité de laine qu'on amène chaque année aux marchés, augmente rapidement, et les prix de ce produit ont déjà subi une baisse si considérable, que quelques propriétaires sont portés à croire que nous produisons maintenant plus de laine que nous ne pouvons en vendre ou consommer. Abandonnant à la marche des circonstances et aux combinaisons d'un chacun la solution de cette question, la Société a regardé comme étant de son devoir de n'employer les moyens dont elle pouvait disposer qu'à soutenir ou à guider les efforts des propriétaires de bergeries, assez éclairés, sans doute, pour sentir que la production d'une certaine quantité de laine ne saurait être le seul but de leurs efforts, puisqu'il reste encore à améliorer ce produit.

Guidée par ces principes, la Société n'a pas cessé de communiquer aux propriétaires les instructions puisées aux meilleures sources et qui n'avaient pas encore été publiées en Russie, instructions sans lesquelles il est impossible d'arriver au but que nous nous proposons, celui de procurer à notre laine un débouché assuré.

Les articles suivants, insérés dans le Journal pour les propriétaires de bergeries, méritent, sous ce rapport, une attention particulière, savoir : I. Relativement à la manière d'entretenir les troupeaux: a) Le traité de Mr. Hammerstein, dans lequel il discute la question proposée par la Société Royale d'agriculture de Hanovre : « *Peut-on reduire en principes la manière de* « *cultiver, pour la pâture des brebis, les prairies* «*naturelles et artificielles; et quant à ces dernières,* « *comment doivent-elles être disposées et exploi-* «*tées pour répondre le plus avantageusement pos-* « *sible aux exigences du climat?*» b) Le traité de Mr. Koppe: « *Sur la qualité nutritive des four-* « *rages ordinaires.*» II.) Relativement à la connaissance des brebis. L'entretien des bêtes ovines en Russie a pour but de réunir la finesse de la laine à la richesse du produit, ce que l'on peut espérer d'atteindre en croisant la race électorale avec celle des infantados. On peut recommander, sous ce rapport, les articles suivants, insérés dans le Journal de la Société : a) sur les caractères distinctifs de la race électorale et de celle des mérinos; b) sur les métis et la classification des brebis, ainsi que sur leur croisement et assortiment. III.) Quant à la production et à la préparation de la laine, on a publié la description de toutes sortes de lavage. Désireuse de seconder les efforts de nos cultivateurs dans la préparation de la laine, afin de la livrer aux marchés telle que l'exigent le commerce et l'état actuel de la fabrication du drap, la Société a fait imprimer dans son journal les extraits des écrits les plus estimés en Allemagne et en Angleterre: a) sur la laine des agneaux ; b) sur la tonte ; c) sur l'assortiment de la laine, et en général sur les qualités et les préparations de ce produit. Sous ce rapport, l'établissement de la compagnie d'actionnaires, à Kharkoff, pour le commerce de la laine, peut être régardé comme le meilleur moyen de réaliser les vœux de la Société. Kharkoff est l'un de nos points centrals pour la vente de la laine ; on l'y amène de plusieurs gouvernemens voisins, riches en troupeaux de bêtes ovines. Pendant la foire, qui a lieu dans cette ville à l'époque de la fête de la Trinité, on y compte, sur la place, au moins 200,000 pouds (3,282,050 kilogr.) de laine ; et la foire du mois d'août est encore plus considérable.

Outre la publication d'un manuel complet de Mr. Schrader sur les maladies des brebis et sur la manière de les traiter , la Société a fait publier la description des maladies spéciales des brebis : a) du mal de la croupe , par Mr. Niemann; b) du tournoiement, par le Docteur Zink, et c) de la petite vérole, par un de nos professeurs, Mr. Bunge.

La Société n'a cessé de publier dans son journal des renseignemens sur les bergeries du pays. Parmi ces articles les plus dignes d'attention sont: a) la description des bergeries dans les terres du Duc d'Anhalt-Köthen, dans le gouvernement de la Tauride. En 1828 , 1829 et 1830 on a fait venir dans ces terres à peu près 9000 brebis des meilleures races et un troupeau de bêtes bovines de l'Allemagne. Puis on y a amené encore un nombre considérable de brebis de l'Allemagne , de manière que , quelque temps après , 9000 têtes de ces dernières ont été vendues aux propriétaires d'alentour. En 1838 les bergeries du Duc contenaient déjà

22,000 bêtes. Chaque brebis (d'après le calcul des revenus de 6 ans) rapporte annuellement 4 roubles 69 kopeks en laine, et l'entretien de chaque animal coute 1½ à 2 roubles. b) Le Renseignement sur les bergeries des Membres de la Société, MM. Scalon et Klepatzki, dans les gouvernemens de Kharkoff et de Koursk. Ces bergeries ne contiennent que 10 à 12000 pièces, mais les animaux y sont entretenus avec le plus grand soin, et les propriétaires font tout leur possible pour perfectionner les races. Ils ont pris pour principe de n'entretenir aucun animal au-dessus de tertia, et la plupart portent la laine de la première qualité.

Mr. Kolesnikoff, Membre-correspondant, dit dans sa lettre que l'entretien des brebis à laine fine se propage avec une rapidité surprenante dans les gouvernemens du sud et du sud-est. Dans le district d'Ostrogogesk (gouv. de Voronège), comme le plus riche en brebis, on comptait en 1838 plus de 100,000 bêtes à laine fine. Nous savons qu'en 1804 Mr. Rouvier a amené d'Espagne les 100 premiers mérinos qui aient paru dans le gouvernement de la Tauride, et maintenant, d'après les renseignemens les plus récens, ce gouvernement contient plus de 800,000 brebis.

Un autre Membre-correspondant de la Société, Mr. Choumakoff, lui a communiqué ses observations sur le mal qu'occasionne la *kovil* (stippa pennata), et sur la manière de la détruire. « Cette herbe, dit l'auteur dans son article, « est le fléau des brebis ; lorsque les hivers n'é- « taient pas si neigeux, elle ne paraissait dans « les vastes steppes de la Russie méridionale qu'a- « près un intervalle de plusieurs années, mais « depuis 1829, les hivers étant devenus plus « neigeux et plus froids, elle pousse dans un « intervalle de deux ans, se répand avec une « rapidité extraordinaire sur les prés naturels, « s'attache par ses épis à la toison, endommage « la laine et tourmente le pauvre animal. Cette « herbe s'empare tellement des paturages, que « les brebis, vers la fin de juillet, n'y trouvent « souvent qu'une nourriture fort insuffisante. » Mr. Choumakoff, après avoir offert quelques moyens pour la destruction de la *stippa pennata*, trouve que la solution de cette question est tellement importante, qu'il propose 1 pour 100 des revenus de ses bergeries, comme pension viagère, à celui qui trouvera le moyen le moins dispendieux de défricher la terre au moment où cette herbe commence à pousser.

Un troisième Membre-correspondant, Mr. Gardenine, a communiqué à la Société des renseignemens sur la bergerie établie par MM.

le Comte de Vassiltchikoff, le Prince de Kotchubey, le Baron de Bissing, et de Seniavine, dans le gouvernement de Voronège. Cette bergerie peut être considérée comme la pépinière des bêtes ovines perfectionnées dans la Russie méridionale.

L'année 1839, qui fut en général si peu favorable aux agriculteurs en Russie, a aussi exercé une triste influence sur l'entretien des brebis. L'été ayant été excessivement chaud et sec, il en est résulté un manque d'eau et de fourrage, ce qui a occasionné des maladies et une grande mortalité parmi tous les animaux domestiques et plus encore parmi les brebis. Elles avaient été déjà disposées à un état de maladie par l'hiver précédent, qui avait été long et excessivement rigoureux. Presque la moitié des brebis qui avaient supporté la rigueur de l'hiver, sont restées stériles. Dans plusieurs endroits l'apoplexie et la constipation se sont manifestées, dans d'autres les brebis, les moutons et principalement les agneaux, ont souffert d'enflures dans les oreilles; quelques-uns avaient des vers. Mais de toutes les maladies la plus terrible a été la petite vérole, qui a régné avec d'autant plus de fureur, que les brebis, à cause du manque de fourrage, étaient devenues maigres et faibles, et que la chaleur de l'été avait produit une quantité de vers dans les plaies. Les animaux, pour la plupart, sont morts au mois de mars, avant l'agnèlement. Les brebis, qui ont agnelé, ont mis bas beaucoup d'avortons, et ils étaient tous frappés de la petite vérole, tandis que ceux qui sont nés à terme, n'en ont point été atteints. Cette maladie a été si désastreuse, qu'elle a menacé de détruire des troupeaux entiers. Cette circonstance a donné lieu aux recherches les plus assidues sur l'inoculation des brebis. On a cru observer que ce moyen, dans beaucoup d'occasions, ne préservait pas les animaux de la petite vérole, et cependant, Mr. Eschmann, du gouvernement de Saratoff, écrit à la Société que l'inoculation, répétée chaque année, a préservé ses brebis de la petite vérole.

Dans ces circonstances défavorables, mais heureusement accidentelles, la Société n'a pas manqué de porter tous les secours qu'elle avait à sa disposition. Elle a fait de suite insérer dans son journal la description détaillée des maladies qui régnaient alors dans les troupeaux et a proposé des remèdes efficaces pour les combattre. Les articles sur la petite vérole contiennent toutes les recherches connues sur ce sujet. En donnant ces détails, la Société a eu la satisfaction de voir que nos cultivateurs prenaient une part très active aux recherches qui peuvent conduire à la solution de différentes questions agronomiques et particulièrement de celles qui concernent l'entretien des bêtes ovines.

Quant à l'amélioration et à la production de la laine, la Société a examiné, l'année passée, les deux questions suivantes: 1°) Est-il possible de réunir l'abondance à la finesse dans la production de la laine, et par quels moyens? 2°) Comment la laine peut-elle être lavée le mieux, le plus vite et à meilleur marché? — La première question, qui occupe maintenant tous les possesseurs de brebis, a été traitée dans tous ses détails et présentée, avec cinq opinions diverses, par la Société d'agriculture de Leipzig, ce qui doit faire espérer que l'on parviendra à la solution de cette question importante.

Par rapport au lavage de la laine, la Société a décrit dans son journal les nouveaux procédés inventés à cet effet par Mr. Preys, procédés dont on a tant parlé dans les journaux allemands. Mr. Preys, marchand droguiste à Pesth, a proposé à la Société, sous certaines conditions, de découvrir son secret aux propriétaires de bergeries russes, en leur promettant qu'ils en retireraient de grands avantages. Cette proposition fut aussitôt communiquée aux propriétaires de bergeries, et le rédacteur du journal de la Société fut chargé, en attendant, d'extraire des journaux allemands tout ce qui pouvait avoir rapport aux procédés de ce lavage, dont le succès pouvait, à la vérité, paraître encore douteux. Enfin, après bien des essais, on s'est assuré que tout le secret de Mr. Preys consistait dans l'emploi de la racine du *Lychnis dioica*, à laquelle nos pharmaciens donnent quelquefois le nom de *Radix saponariæ officinalis*.

Après avoir communiqué avec empressement cette découverte à nos cultivateurs, la Société, dans l'intention de leur donner une notion exacte des propriétés botaniques de la plante dont il a été question, a résolu de faire un extrait du livre, récemment publié en Allemagne par Mr. Petermann, sur toutes les plantes qui contiennent du savon.

L'exposition des animaux eux-mêmes étant la voie la plus sûre pour répandre parmi les cultivateurs des idées justes sur les qualités des bêtes ovines, et le moyen le plus facile de faire connaître les bergeries où l'entretien des brebis est arrivé au point desiré de perfection, et de propager ainsi les meilleures races, le Directeur de la Société, Mr. de Massloff, a proposé d'engager les propriétaires de la Petite-Russie à établir à Kharkoff une exposition de brebis pendant leur séjour dans cette ville à l'époque de la foire pour les laines. Le Directeur a reçu plein pouvoir de s'occuper de cet objet.

Enfin la Société se croit autorisée à dire que les bêtes ovines, dans quelques bergeries de la Russie, sont parvenues à un degré de perfection qui ne le cède en rien aux meilleures bergeries d'Allemagne. L'année passée la Société a envoyé des toisons à la réunion des agronomes allemands assemblés à Potsdam pour confronter les toisons de toutes les bergeries de l'Europe. Les toisons de Moscou ont obtenu leur part des éloges que l'assemblée n'a accordés qu'aux toisons éminemment supérieures. Elles avaient été envoyées par le Président de notre Société, Son Excellence le Prince S. I. Gagarine, et sortaient de sa bergerie d'Yassénevo, à quelques lieues de Moscou. Les échantillons de laine longue pour le peigne, présentés à la Société par Son Excellence Mr. F. W. de Samarine et provenant de sa bergerie, font espérer que la race anglaise, et en général toutes celles qui portent une laine longue, se propageront en Russie avec autant de succès que la race des mérinos.

PRIX DÉCERNÉS PAR LA SOCIÉTÉ.

Après la lecture de ce compte rendu et sur la proposition du Conseil de la Société, les prix suivants ont été décernés:

Pour l'année 1838.

I. Une médaille d'or au Membre de la Société Mr. le Colonel P. P. *d'Anossoff*, pour le perfectionnement des faulx dans la fabrique de Zlatooust-Artinsk.

II. Une médaille d'argent au Membre de la Société Mr. V. M. de *Bibikoff*, pour l'établissement d'une fabrique de machines et d'instrumens aratoires dans le gouvernement de Riasan.

III. Ensuite, ont été reçus, comme Membres de la Société, les personnes qui se sont distinguées tant par leurs travaux pratiques en agriculture, que par l'influence qu'elles ont exercée sur cette grande source de la richesse nationale, savoir : comme Membre honoraire, le Général en Chef de l'Infanterie, Mr. A. I. *de Neidhardt ;* comme Membres ordinaires: MM. le Baron A. de *Korf ; A. de Sakharoff* ; *N.* de *Volkoff ;* Mr. *Metzger* , Inspecteur des jardins à Heidelberg; Mr. *Chevalier*, opticien à Paris; Mr. *Amuel,* mécanicien de la cour à Berlin, et Mr. *Digo* , ingénieur-mécanicien à St. Pétersbourg.

Pour l'année 1839.

I. Une médaille d'or à Mr. le Prince de *Volkonski,* pour avoir introduit la vente des pelisses tannées à Moscou.

II. Des médailles d'argent: a) A. Mr. le Colonel *d'Egerstrom,* Membre ordinaire, pour l'invention et la propagation de la manière de faire en paille, en joncs et en roseaux des souliers et autres objets utiles aux paysans. b) A Mr. *A.* de *Koreneff,* Membre ordinaire, qui a commencé, le premier, à prendre dans ses terres des élèves-cultivateurs et à leur enseigner les perfectionnemens divers que l'agriculture a reçus de nos jours. c) A Mr. *C. Shönian,* Membre ordinaire, qui, depuis quatre ans, envoie chaque printemps à la Société 1000 plants de muriers et lui communique ses utiles observations sur cette plante et sur la culture des vers à soie.

III. Il a aussi été décidé que l'on témoignerait, de la part de la Société, une juste reconnaissance à MM. les Membres ordinaires: *N. de Chichekoff*, *P.* de *Moukhanoff*, *A.* de *Scalon*, et au Membre honoraire Mr. le Comte de *Bobrinski*, pour la part qu'*ils* ont prise aux travaux du Comité des fabricants de sucre à Moscou et pour leurs efforts à propager cette industrie en Russie. A MM. les Membres ordinaires : *V.* de *Groudeff* et *A.* de *Scalon*, comme Membres du Comité auquel la Société a confié l'inspection du dépôt de semences, et qui, chaque année, mérite de plus en plus la confiance des cultivateurs ; à Mr. le Membre ordinaire *A. de Zakharoff*, pour la part qu'il prend aux travaux de la Société, en insérant ses observations dans le Journal d'agriculture et en propageant cet écrit périodique parmi les propriétaires du gouvernement de Kostroma ; à Mr. le Membre ordinaire *E.* de *Karnovitch*, pour ses efforts à perfectionner l'industrie du lin dans le gouvernement de Iaroslavl ; à Mr. le Membre ordinaire *A.* de *Rébroff*, pour les progrès qu'il fait faire à l'industrie séricole dans le Caucase ; à Mr. *J. Juditzki*, pour les succès qu'il obtient dans la plantation des muriers et la culture des vers à soie à Moscou; à MM. les Membres ordinaires: *N.* de *Bounine*, du gouvernement de Tamboff, *J.* de *Sabouroff*, du gouvernement de Penza, M. de *Titoff*, du gouvernement de Riasan, *P.* de *Posdunine*, du gouvernement d'Orenbourg, *J.* de *Klepatzki*, du gouvernement de Koursk, *P.* de *Prokopovitch*, du gouvernement de Tchernigoff, *N.* de *Volkoff*, du gouvernement de Pskoff, *N.* de *Stremooùkhoff*, du gouvernement de Kharkoff, *J.* de *Réchetnikoff*, du gouvernement de Moscou, au chimiste de la Société Mr. *C. Schlippe*, pour la communication qu'ils ont faite d'observations intéressantes sur l'économie rurale, observations insérées dans le Journal d'agriculture; et au Membre ordinaire Mr. *J.* de *Dorogoff*, du gouvernement de Kasan, pour ses efforts à propager l'usage des pelisses tannées parmi les habitans de la campagne.

La Société a reçu comme Membre ordinaire, Mr. *P. Basnine*, à Irkoutsk, le quel a contribué à faire connaître aux habitans de la campagne la manière de fumer les peaux de mouton, au lieu de les tanner ; et comme Membre-correspondant, Mr. *J.* de *Krabrovski*, dans le gouvernement de Poltava, auquel on est redevable de plusieurs plantations de tabac d'Amérique.

A l'issue de ces deux séances, les Membres de la Société ont examiné différens objets d'agriculture et d'industrie rurale, exposés dans les salles. Le $\frac{18}{30}$ janvier on y distinguait: des ventilateurs de l'invention de S. E. Mr. de Sabloukoff, et le modèle d'une presse pour le linge, également de son invention; le modèle d'une machine à battre le blé avec un attelage en cordes, de Mr. l'ingénieur-mécanicien Digo, de St. Pétersbourg; le modèle d'une charrue à un cheval, avec des brancards, de Mr. Lindenwald, du gouvernement de Iaroslavl; plusieurs modèles d'instrumens agricoles, envoyés de Berlin, par Mr. Amuel, mécanicien de la cour; le modèle de l'appareil du Docteur Reichenbach, pour la macération des betteraves à l'eau chaude; deux faulx en acier de damas, de Mr. d'Anossoff, du gouvernement d'Orenbourg; des semences du froment du Chili et de la Californie, envoyées par un des Membres, Mr. de Koupreyanoff; des échantillons de tabac, envoyés par Mr. de Sutthoff de Riasan, Mr. de Popoff du gouvernement d'Orel et Mr. de Klepatzki du gouvernement de Koursk; quatre livres de cocons d'une blancheur remarquable, présentés par Mr. Juditzki, de Moscou; des échantillons de leokom (gomme de pommes de terre) et de l'huile de chanvre purifiée, de Mr. Schlippe, chimiste de la Société; de l'huile de ricin, de Mr. Schonian, d'Astrakhan. Un pain de sucre, extrait de tiges de maïs, a attiré une attention particulière; il était présenté par Mr. de Scalon, du gouvernement de Kharkoff.

Le $\frac{1}{13}$ Avril 1840, parmi plusieurs objets agricoles, exposés dans les salons de la Société, on distinguait: une coupe-taupinière d'une nouvelle construction et une presse pour la tourbe, toutes les deux confectionnées dans l'établissement des frères Boutenop, mécaniciens-machinistes de la Société; les modèles de deux greniers de l'invention du Membre ordinaire, Mr. P. de Moukhanoff, dont l'un est de bois et à deux étages avec une montée, et l'autre de pierres, qai, à la lettre, mérite le nom d'incombustible; ce grenier est aussi à deux étages; il est supposé être construit à la manière de Mr. Gérard, et pour que le tout soit incombustible, il n'y a pas du tout de bois dans la partie extérieure; le toit est également incombustible; les fenêtres sont remplacées par des tuyaux-ventilateurs;

les portes sont extérieurement couvertes de tôle, et entre la tôle et le bois il y a du feutre. Ce grenier peut contenir 2097 héctolitres de grains: la construction en est fort simple et peu couteuse. Ces deux greniers ont mérité une approbation unanime. Quant à l'industrie agricole, on voyait dans les salles de la Société: a) des pelisses de paysans (en fourrures de brebis russes) tannées et teintes en bleu et en jaune-cannellé ainsi que des pelisses fumées de Sibérie, dont la peau, exposée à la fumée, est préservée de l'humidité tout aussi bien que la peau de fourrure tannée. b.) Plusieurs objets, utiles aux cultivateurs, confectionnés en paille, en jonc et en mousse, depuis des souliers de paysans jusqu'aux gracieux souliers de dames, des bonnets d'hommes, des brides et harnais, des nattes et toutes sortes de tissus, etc. c.) De fort belles soies, présentées par MM. les Membres ordinaires: Rébroff, du Caucase, Schönian, du gouvernement de Saratoff, et par Mr. Juditzki, attaché au service de la Société. d.) Du lin, présenté par Mr. le Membre ordinaire de Karnovitch, préparé à la manière des Flamands, et une pièce de fort belle toile, fabriquée par les paysans du gouvernement de Iaroslavl et blanchie dans la blanchisserie que Mr. Karnovitch a fait construire près de cette ville. e.) Des échantillons de tabac provenant de semences de tabac d'Amérique et cultivé par Mr. de Krabkovski dans le gouvernement de Poltava. f.) Des semences de différentes herbes fourragères, envoyées des colonies militaires du gouvernement de Kharkoff.

www.ingramcontent.com/pod-product-compliance
Lightning Source LLC
LaVergne TN
LVHW050458160826
845677LV00003B/821

* 9 7 8 2 3 2 9 6 6 5 5 3 5 *